目　次

前言 ... II
1 范围 ... 1
2 规范性引用文件 ... 1
3 术语和定义 ... 1
4 预警技术方法 ... 3
 4.1 评价指标体系 ... 3
 4.2 指标因子获取 ... 4
 4.3 预警模型方法 ... 4
 4.4 预警效果评价 ... 5
5 预警平台建设 ... 5
 5.1 信息平台建设 ... 5
 5.2 工作平台建设 ... 6
 5.3 组织平台建设 ... 6
6 预警工作流程 ... 6
 6.1 工作方案 ... 6
 6.2 趋势预测 ... 6
 6.3 预警准备 ... 7
 6.4 数据传输 ... 7
 6.5 分析研判 ... 7
 6.6 会商确定 ... 7
 6.7 产品制作 ... 8
 6.8 预警发布 ... 8
 6.9 信息反馈 ... 8
 6.10 工作总结 ... 9
7 预警工作制度 ... 9
 7.1 制度内容 ... 9
 7.2 值班责任 ... 9
 7.3 值班档案 ... 9
8 防灾对策建议 ... 9
附录 A（资料性附录） 地质灾害气象风险预警等级划分 ... 10
附录 B（资料性附录） 地质灾害气象风险预警效果评价模型 ... 11
附录 C（规范性附录） 地质灾害灾情信息反馈表 ... 14
附录 D（资料性附录） 地质灾害气象风险预警业务流程 ... 16
附录 E（资料性附录） 地质灾害气象风险预警产品样式 ... 18
附录 F（资料性附录） 地质灾害气象风险预警防灾对策建议 ... 19
附录 G（资料性附录） 地质灾害气象风险预警模型 ... 20

前言

本标准按照GB/T 1.1—2009《标准化工作导则 第1部分：标准的结构和编写》给出的规则起草。

本标准附录A、B、D、E、F、G为资料性附录，C为规范性附录。

本标准由中国地质灾害防治工程行业协会提出并归口。

本标准主要起草单位：中国地质环境监测院（自然资源部地质灾害防治技术指导中心）。

本标准主要起草人：刘传正、温铭生、刘艳辉、徐为、苏永超、肖锐铧、陈春利、罗显刚、梁宏锟、郭岐山、方志伟。

本标准由中国地质灾害防治工程行业协会负责解释。

地质灾害区域气象风险预警标准(试行)

1 范围

本标准的主要任务是规范地质灾害区域气象风险预警业务的工作组织、技术方法、预警产品制作、发布和响应对策,指导有序开展地质灾害气象风险预警工作。

本标准适用于气象因素(主要为降水)引发的地质灾害区域气象风险预警工作,预警对象为崩塌、滑坡、泥石流等突发性地质灾害,其他因素引发的地质灾害预警和其他类型的地质灾害预警也可参考。

本标准规定的预警业务适用于国家级、省级地质灾害气象风险预警业务工作,市、县级地质灾害气象风险预警业务和其他行业的地质灾害气象预警业务也可参照本标准执行。

本标准未涵盖的相关预警内容,参照国家现行有关标准规范执行。

2 规范性引用文件

下列文件为本标准的主要引用文件,凡是注明日期的引用文件,仅注明日期的版本适用于本标准;凡是不注明日期的引用文件,其最新版本(包括所有的修改版)适用于本标准。

QX/T 52—2007　地面气象观测规范第 8 部分:降水观测
QX/T 61—2007　地面气象观测规范第 17 部分:自动气象站观测
SL 21—90　降水量观测规范

3 术语和定义

下列术语和定义适用于本标准。

3.1
发育度 distribution parameter

某地区有记载的地质环境及人文环境共同作用下地质灾害的发育程度,具体指地质灾害的空间发生频率、面积和体积分布概率的综合表现程度。

3.2
潜势度 potentiality parameter

区域地质灾害孕育成生的条件组合或潜在能力的评价指标,代表着一个地区地质环境的特征,是反映地质灾害成生内因的一种综合表述,代表着地质环境孕育地质灾害的潜在能力。

3.3
危险度 dangerous parameter

一个地区在一定时间内因某种引发因素作用(自然或人为原因)导致地质灾害发生的可能性大小的量化表达,即发生地质灾害可能性大小的量化表达。

3.4
风险度 risk parameter

一个地区在一定时间内某种地质灾害在"危险度"作用下产生实际危害可能性大小的量化表达。

3.5
预警区域 early warning area

根据降水因素与地质环境条件相互作用程度,研判达到地质灾害预警标准的区域。

3.6
地质灾害气象风险预警 meteorological early warning of geological hazard risk

基于气象因素的地质灾害风险预警,是指基于前期过程降水量和预报降水量,引发该区域地质灾害的可能性及成灾风险大小。

3.7
预警等级 early warning grade

未来一段时间内,某区域发生地质灾害风险的一种量度。预警等级共分为Ⅰ级(红色预警)、Ⅱ级(橙色预警)、Ⅲ级(黄色预警)和Ⅳ级(蓝色预警)4个级别。具体等级划分见附录A。

3.8
预警模型 early warning model

基于区域地形地貌、地层岩性、地质构造、水文地质、气候条件、人类活动、降水与地质灾害关系等分析研究,建立的降水量引发地质灾害的分析评价模型。

3.9
预警区划 early warning area mapping

根据历史地质灾害发生情况、地质环境背景,选定与地质灾害发生相关的评价因子,选取适当的评价方法,对地质灾害的易发性、危险性和风险性进行的分区。

3.10
预警产品 early warning productions

表达地质灾害可能发生的时间区间、空间范围和成灾风险大小的图片、文字及音频、视频材料的统称。

3.11
预警会商 early warning consultation

自然资源主管部门与气象部门预警业务单位之间或行业内预警业务单位之间的相关人员通过电话、互联网远程视频等途径讨论、分析预警范围、预警等级和应对策略的过程。

3.12
预警系统 early warning system

利用信息技术采集、编录分析,集成各类数据、图形、模型、音像,基于建立的预警模型,实现对气象数据与地质环境数据的融合分析与预警决策分析,自动计算预警结果并生成预警产品,在会商与人机交互支持下,通过网站、短信、传真、微信、微博等方式,将预警产品及时准确地传递至可能危及的区域,提醒居民及时采取防御措施的系统。

3.13
预警发布 early warning establishing

将预警产品利用电视台、网站、短信、微信、微博和报纸等方式对公众进行发布的行为。发布内容包括可能发生地质灾害的类型、时间、地点、规模(强度)、可能的危害范围与破坏损失程度等。

3.14

趋势预测 tendency prediction of geohazard

研判未来一定时间内某一地区可能发生地质灾害的类型、地点、发展趋势及危害情况等内容的行为,趋势预测分长期预测、中期预测和短期预测。

3.15

临界降水量 critical rainfall

能够引发地质灾害的过程降水量或单位时间降水强度,也称降水量阈值。

3.16

有效降水量 effective rainfall

扣除地表径流和蒸发等损失,降水入渗地下改变岩土体性质及地下水状态,引发地质灾害的降水量。

4 预警技术方法

4.1 评价指标体系

4.1.1 地质灾害区域预警评价指标体系分四层,包括发育因子、基础因子、引发因子和易损因子。

4.1.2 发育因子是已发生地质灾害的综合信息,是已发生地质灾害的空间数量分布、面积分布和体积分布的综合表现。可利用发育因子计算获得发育度。发育度的函数表达式为:

$$F = f(f, s, v, r) \quad \quad (1)$$

式中:

F——发育度;

f——灾害频率;

s——灾害面积;

v——灾害体积;

r——修正系数。用以弥补因调查遗漏或调查精度不足时可能出现的调查"盲区"或"空区"。

4.1.3 基础因子主要与地貌条件和地质环境因素相关。可通过地质灾害基础因子与发育度计算获得地质灾害潜势度。地质灾害潜势度的计算公式为:

$$Q = f(q_1, q_2, q_3, \cdots, q_n) \quad \quad (2)$$

式中:

Q——地质灾害潜势度;

$q_1, q_2, q_3, \cdots, q_n$——反映地质灾害潜势的因素值,是地质环境条件对地质灾害敏感性的数值体现。

岩性、构造、坡度等地质环境要素组合为基础因子,地质灾害发育度作为响应因子共同参与模型计算,反映地质环境的脆弱性。

4.1.4 引发因子表现为地质灾害发生的触发因素,如大气降水、地震活动和人类工程活动等。可采用引发因子图层与潜势度图层叠加运算获得地质灾害危险度。ICG(International Centre for Geohazard)模型简单表述为:

$$H_r = Q_i \times T_p = (S_r \times S_l \times S_v) \times T_p \quad \quad (3)$$

式中：
H_r——降水引发的滑坡危险度指数；
Q_i——潜势度计算结果；
T_p——降水因素指数；
S_r——坡度因子；
S_l——岩性因子；
S_v——植物盖度因子。

地质灾害危险度判别因子包括基本因素（地形地貌、岩组、地质构造、植被等）和外部因素（降水、人类活动、地震）等。

4.1.5 易损因子是表示地质灾害承灾体的指标，如人口、财产、资源环境等。风险度反映一个地区在一定时间内某种地质灾害"危险度"作用下产生实际危害的可能性大小，可以是单一对象如对人类生命的伤害，或对工程设施、自然环境的破坏可能性的量度，也可以反映一个地区社会经济活动的易损性和综合抗灾能力，是易损因子（脆弱性）指标与危险度指标的函数。

风险度是地质灾害空间、时间自然属性和承灾体社会属性的综合表现，与地质灾害危险度、承灾体的易损性密切相关。用量化指标表示为：

$$R = H \times V \quad\quad\quad\quad\quad (4)$$

式中：
R——风险度；
H——危险度；
V——易损性。

4.1.6 考虑到预警区范围大小和复杂程度，可在区域评价前先开展预警区划。

4.2 指标因子获取

4.2.1 发育因子数据（历史灾情数据）的获取主要根据各年度灾情统计月报数据、应急调查报告等，提取指标包括灾害数量、灾害面积和灾害体积等。

4.2.2 基础因子数据（地质环境背景数据）的获取主要根据各类水工环地质成果、地质灾害调查成果、地质钻探成果和地方统计资料等提取地质环境背景，提取指标包括地形地貌、地层岩性、地质构造、植被类型等。

4.2.3 引发因子数据的获取依据引发因子类型分别从不同渠道获取。如降水资料主要来源于气象部门，地震资料主要来源于地震部门，人类工程活动资料主要来源于地方发展规划等。各级预警承担单位可根据本地区实际情况获取一种或多种引发因子。

4.2.4 易损因子数据的获取主要来源于遥感解译成果、地方发展规划和统计年鉴等。

4.3 预警模型方法

4.3.1 预警模型方法包括隐式统计预警、显式统计预警和动力预警三种方法。具体模型建立方法可参见资料性附录G。

4.3.2 隐式统计预警把地质环境因素的作用隐含在降水参数中，某地区的预警判据中仅仅考虑降水参数建立模型。隐式统计预警法可称为第一代预警方法，比较适用于地质环境模式比较单一的小区域。

4.3.3 显式统计预警是一种考虑地质环境变化与降水参数等多因素迭加建立预警判据模型的方

法,由地质灾害危险性区划与空间预测转化而成,该方法可以随着调查研究精度的提高相应地提高地质灾害的空间预警精度。显式统计预警法可称为第二代预警方法,比较适用于地质环境模式比较复杂的大区域。

4.3.4 动力预警是一种考虑地质体在降水过程中气象、水文和地质耦合作用下自身动力变化过程而建立预警判据方程的方法,实质上是一种解析方法,预警结果是确定性的,可称为第三代预警方法,目前只适用于单体试验区或特别重要的局部区域。

4.4 预警效果评价

4.4.1 预警效果评价是对预警工作成绩的考核,对预警范围内、外地质灾害实际发生情况进行校验,以准确率、漏报率、空报率等指标对预警方法、预警值班员的成效进行评估,从而逐步改进预警服务质量。

4.4.2 预警效果评价一般包括时间效果、空间效果和强度效果评价。

4.4.3 预警时间效果评价是指预警时间的准确程度,主要包括预警时间段和灾害发生时间两个要素。

4.4.4 预警空间效果评价是指预警空间的准确程度,空间效果评价的要素是预警空间范围和地质灾害发生地点。

4.4.5 预警强度效果评价是指不同预警等级内地质灾害发生的规模、数量及损失情况等的评价。

4.4.6 现阶段的效果评价以准确率为主,具体评价方法可参考附录B。

5 预警平台建设

5.1 信息平台建设

5.1.1 信息平台是预警系统建设的基础,便于地质灾害气象风险预警有关数据的收集、分析和查询,对地质灾害气象风险预警的信息进行管理,实现资料共享。信息平台包括基础资料库、预警产品库、反馈信息库和其他信息库。

5.1.2 基础资料库的主要内容如下。

　a) 区域地质环境背景资料:地形地貌、地质构造、地层岩性、植被、土地利用和分析结果图件(如潜势度图、预警区划图)等。

　b) 地质灾害资料:历史上发生的地质灾害基本情况、地质环境背景条件、成因机制和监测数据等。

　c) 地质灾害引发因素资料:气象、水文、地震和人类工程活动等。其中气象数据主要包括自动站点实时监测数据、精细化格点预报数据、短临预报数据、卫星雷达数据以及相应的镶嵌图等。

　d) 社会经济资料:人口、财产和工程设施等。

5.1.3 预警产品库的内容主要包括地质灾害气象风险预警图片、文字说明、代表性符号等产品和产品制作过程中的相关数据。

5.1.4 反馈信息库的内容主要为新发生的地质灾害信息,包括时间、地点、类型、级别、伤亡情况、经济损失、引发因素和降水情况等,具体内容见附录C。

5.1.5 其他信息库的内容主要包括年度预警工作方案、技术报告以及与地质灾害气象风险预警有关的政策性文件、制度、标准和规范等。

5.1.6 数据库可选用 Access、MySQL、SQL Server 和 Oracle 等平台，数据按年份进行保存，逐步形成动态数据库。

5.2 工作平台建设

5.2.1 工作平台主要包括预警模型、预警系统软件和工作平台硬件。

5.2.2 依据预警技术方法要求，在分析地质灾害与地质环境条件和引发条件关系的基础上，建立隐式统计、显式统计或动力预警分析模型，作为预警系统建设的基础。

5.2.3 利用先进的 GIS 技术、计算机编程技术及网络技术等，研制预警系统软件，具备指标因子图层分析、数据自动导入、存储备份、预警产品自动生成、预警结果编辑、签批和产品发布等功能。

5.2.4 工作平台硬件应包括计算机、服务器、交换机、投影仪、传真机、打印机、电话、可视会商设备及地质灾害现场调查设备等。

5.3 组织平台建设

5.3.1 开展地质灾害气象风险预警工作，需要建立预警组织平台系统，包括管理层、作业层和发布层。

5.3.2 管理层为地质灾害气象风险预警工作的主管部门，负责组织领导预警工作、制定并颁布相关的规章制度和筹措工作经费等。

5.3.3 管理层由自然资源主管部门和气象部门共同组成，签署联合开展地质灾害气象风险预警工作协议，双方联合成立地质灾害气象风险预警协调工作领导小组及办公室，负责组织协调工作。

5.3.4 国家级地质灾害气象风险预警工作，由自然资源部和中国气象局组织管理；省级地质灾害气象风险预警工作，由省级自然资源和气象部门组织管理。

5.3.5 作业层由具体开展业务工作的单位或机构组成，承担预警的日常工作、理论方法研究、技术报告编写、信息反馈、效果评价和改进提高等业务。

5.3.6 国家级地质灾害气象风险预警工作，由中国地质环境监测院（自然资源部地质灾害防治技术指导中心）和国家气象中心共同承担；省级地质灾害气象风险预警工作，由省级地质环境监测（地质灾害防治）机构和同级气象部门业务单位共同承担。

5.3.7 发布层为发布预警产品的单位或机构，具体是各级电视台、电台、网站、微博、微信、短信和报纸等媒体主办单位。

5.3.8 管理层书面授权（任务书、委托书等）作业层开展地质灾害气象风险预警工作，预警产品（预警结果）经管理层审批后方可由作业层推送至发布层向公众发布。管理层可书面授权作业层代为审批预警产品，授权发布层发布预警产品。

6 预警工作流程

6.1 工作方案

6.1.1 指导开展年度预警工作，遵循科学性、可行性和实用性原则，每年1～2月编制年度预警工作方案，报主管部门批准后实施。

6.1.2 年度预警工作方案主要部署安排年度工作任务，包括年度目标任务、技术方法、工作流程、效果评价、模型系统完善、人员安排和经费预算等方面的内容。

6.2 趋势预测

6.2.1 每年2～3月，编制年度趋势预测报告，研判全年特别是汛期地质灾害的发生、发展趋势，确定重点关注或重点防治的地区。

6.2.2 趋势预测的基础为基础地质环境条件及以往灾害发生情况,预测依据包括气候条件、地震条件和人类工程活动等方面的预测资料。

6.2.3 预测结论以文字和图片形式表达,主要包括灾害发生时段、灾害类型、发生区域及重点关注内容;全国地质灾害趋势预测的发生区域细化至省、地级市单元,省级预测细化至地级市、县单元;针对重要的工程建设、灾害易发区等地区应重点关注,进行单独预测。

6.2.4 趋势预测报告经专家会商后报主管部门审定,作为汛期预警的基础及政府部门部署防灾减灾措施的参考。

6.3 预警准备

6.3.1 每年3～4月,开展日常预警值班前的准备工作,调试基础信息平台、工作平台,确保气象、水利部门的传输渠道畅通,建立日常预警流程,保障日常预警服务。国家级地质灾害气象风险预警业务流程见附录D。

6.3.2 建立值班表,落实每日值班人员、校核员及带班领导,值班人员应为长期从事地质灾害预警及科学研究的人员,可根据工作安排进行适当调整。

6.3.3 建立值班记录表,对每日的值班情况进行记录,表格内容包括预警日期、预警区域、预警等级、会商情况、发布渠道和值班责任人等。

6.4 数据传输

6.4.1 汛期每日接收气象、水利等部门约定的相关数据。

6.4.2 自然资源与气象部门传输的数据应包括前期实际降水量、预报降水量、预警产品和灾情反馈等内容。

6.4.3 国家级预警自然资源部门接收气象数据时间为当日15:00～16:00之间,返回预警产品时间为17:00～18:00之间,省级预警自然资源部门接收气象数据和返回预警产品时间由业务单位之间协商确定;发生重大气象、地震等区域性异常事件时可增加预警频率,临时协商接收时间。

6.4.4 数据格式主要为矢量数据、图片和文字说明等。

6.4.5 国家级地质灾害气象风险预警相关数据的传输以专线FTP方式传输,当出现局域网中断时,通过公网E-mail、QQ等方式传输;省级业务单位之间的传输方式通过协商以专线、公网FTP、E-mail等方式传输。

6.5 分析研判

6.5.1 启动预警软件系统,自动下载入库降水数据,自动分析形成初步预警结果。

6.5.2 值班员根据降水特征、前期地质灾害分布特征及其他可能加重地质灾害的因素,分析研判未来一定时段内地质灾害发生的可能性大小及可能成灾的区域、损失程度,对初步预警结果进行完善,形成初步预警产品。

6.5.3 校核员针对初步预警产品进行检查,并与预报员相互协商、相互检查,完善初步预警产品。

6.5.4 值班员根据初步预警产品,确定是否需要开展会商。无需会商的初步预警产品制作形成最终的预警产品,需要会商的预警产品与相应的单位和人员开展会商。

6.6 会商确定

6.6.1 当达到Ⅲ级(黄色预警)以上预警等级时,自然资源部门与气象部门之间、行业内预警业务单位之间宜开展预警会商,当达到Ⅰ、Ⅱ级(红色预警、橙色预警)等级时,必须开展会商。

6.6.2 针对初步预警产品开展会商,会商内容主要包括降水情况、区域地质环境情况、以往灾害发生情况、预警范围和预警等级等,会商后修正形成最终预警产品。

6.6.3 会商可采用可视化远程会商、电话会商和网络会商等形式,并做好会商记录。

6.6.4 会商时间一般在每日的16:00～17:30,预警业务单位可根据本地区具体情况协商确定会商时间,出现重特大事件(如地震、台风、重大灾害过程等)时可随时开展会商。

6.7 产品制作

6.7.1 制作形成最终预警产品,内容包括预警范围、等级、时段和文字说明等。

6.7.2 预警产品表达形式为矢量数据、图片、符号和文字说明等。图片分辨率一般为300dpi(含)以上,可根据发布方式调整。文字说明应明确预警区的地理位置(或行政区域)、预警等级及防灾建议等,力求简明扼要、通俗易懂。国家级地质灾害气象风险预警产品样式见附录E。

6.7.3 预警产品所用底图为本级行政区图,图中应标注下一级行政区界线和政府机关所在地,可叠加采用遥感、地形阴影和易发区等辅助性图形数据或镶嵌图信息。

6.7.4 作业层预警业务单位之间的产品交换以矢量数据和文字、图片信息为主,向公众发布的预警产品以图片和文字信息为主。

6.8 预警发布

6.8.1 当达到Ⅲ级(黄色预警)及以上预警等级时,应向社会公开发布;Ⅳ级(蓝色预警)由预警业务技术人员根据本级预警要求,决定是否对外发布预警信息。

6.8.2 达到预警等级的预警产品由同级管理层或授权的作业层主管领导审批后发送至发布层向社会公开发布。

6.8.3 每日18:00前,自然资源部门把预警产品发回气象部门,由气象部门发送至电视台对公众发布,国家级预警产品在中央电视台综合频道(CCTV-1)、省级预警产品在省级卫视频道播出。

6.8.4 预警业务单位同时通过网站、广播电台、传真、电话、短信、报纸、微信、微博和QQ等方式向相关地区业务人员和社会公众发布预警信息。

6.8.5 预警产品发布频率为汛期每日不低于1次,出现重特大事件(如地震、台风、重大灾害过程等)时可增加预警频率至每小时1次或更高频率。

6.9 信息反馈

6.9.1 在开展汛期地质灾害预警工作时,应及时收集整理地质灾害发生信息,统计预警准确率,完善预警模型及预警指标,建立反馈信息数据库。

6.9.2 信息反馈内容包括地质灾害基本情况、引发因素和成功避灾情况等。反馈信息应以电子表格形式记录,并附必要的文字报告和现场照片,表格内容应填写齐全(参见附录C)。

6.9.3 省级地质灾害预警业务单位应按要求将本区域内的地质灾害反馈信息上报至国家级预警业务单位,并通报至地市级预警业务单位;国家级预警业务单位将全国地质灾害反馈信息通报至省级预警业务单位,用于预警模型及技术方法的完善与改进。

6.9.4 国家级预警业务单位应建立全国地质灾害灾情信息数据库,作为预警信息平台的一部分,逐年检验、改进预警模型和系统,提高预警准确率。

6.10 工作总结

6.10.1 年度预警结束后,编制年度总结报告,对全年预警工作取得的成效进行总结,分析存在问题,逐步改进完善。

6.10.2 年度预警总结报告包括预警服务基本情况、重特大灾害事件预警成败分析、月度预警效果分析、野外调查与校验、交流合作、模型修正与完善、存在问题、结论与下一步工作建议等,预警业务单位可根据本地区实际增删总结报告章节内容。

7 预警工作制度

7.1 制度内容

7.1.1 预警业务单位应制定预警值班制度,规范值班行为,提醒值班员、校核员按流程规定开展工作,避免出现遗漏。

7.1.2 值班制度应包含值班时段、值班地点、值班要求、值班流程和人员责任等。

7.1.3 值班分汛期和非汛期值班。汛期每日开展预警值班,非汛期根据特殊情况(台风、地震、重大灾害过程等)开展应急值班,由双方业务单位提出并协商值班时间。

7.2 值班责任

7.2.1 值班员必须按时到岗,坚守岗位,认真履行职责。

7.2.2 值班员对预警产品制作全过程负责,校核员对预警产品制作过程中的有关数据和结果进行校验,带班领导对预警工作负直接领导责任。

7.2.3 带班、值班、校核人员按时换班,并做好交接记录,提醒接班人员注意事项。

7.2.4 值班员应做好安全、保密工作,遵照业务单位安全、保密相关规定开展工作。

7.3 值班档案

7.3.1 值班员应及时填写值班记录表,上传、下载值班过程文件,做好电子文档归类。

7.3.2 值班员应及时填写纸质签批单及会商记录,打印签批单、预警产品并签字,做好纸质文件归类。

7.3.3 预警业务单位需配备专门的文件柜按年度存放预警产品,文件资料前后摆放有序,保持整齐,每个月末做好装订归档工作。

8 防灾对策建议

8.1 预警防灾对策建议是指地质灾害气象风险预警信息发布后,政府相关部门、预警区内的群众按照预警等级所采取的地质灾害防御响应措施。

8.2 现阶段防灾对策建议仅供预警区范围内的主管部门和群众参考。国家级地质灾害气象风险预警防灾对策建议见附录F,省级地方人民政府及自然资源主管部门应制定本级预警防灾对策措施。

8.3 各级地方人民政府及自然资源主管部门、防灾责任人在收到预警信息后,应根据本级防灾减灾要求加强监测巡查,发现灾情、险情时,及时启动应急预案。

附 录 A
（资料性附录）
地质灾害气象风险预警等级划分

表 A.1 地质灾害气象风险预警等级划分表

预警等级	风险等级	概率	色标	发布要求	措施建议
Ⅰ	风险很大	$P>60\%$	红色 ($R=255, G=0, B=0$)	发布	严密防范
Ⅱ	风险大	$40\%<P\leqslant 60\%$	橙色 ($R=242, G=165, B=0$)	发布	加强防范
Ⅲ	风险较大	$20\%<P\leqslant 40\%$	黄色 ($R=255, G=255, B=0$)	发布	注意防范
Ⅳ	风险较小	$P\leqslant 20\%$	蓝色 ($R=0, G=0, B=255$)	根据相关部门确定的本级预警工作要求，确定是否发布	监测分析、注意防范

附 录 B
（资料性附录）
地质灾害气象风险预警效果评价模型

B.1 预警准确率评价方法

方法1 根据各地质灾害点具体的发生时间、地点，对照各地质灾害点是否落入预警区范围内，将落入预警区范围内的地质灾害点数除以总的地质灾害点数即为预警准确率，计算公式如下：

$$p = \frac{m}{n} \times 100\% \quad\quad\quad\quad (B.1)$$

式中：
p——预警准确率；
m——落入预警区的地质灾害点数；
n——总的地质灾害点数。

方法2 根据地质灾害点的发生情况确定，如果有地质灾害点落入预警区范围内，则表示此次预警准确；如果无地质灾害点落入预警区范围内，则表示此次预警不准确。将预警准确的次数除以总的预警次数即为预警准确率，计算公式如下：

$$p = \frac{\sum m}{\sum n} \times 100\% \quad\quad\quad\quad (B.2)$$

式中：
p——预警准确率；
m——预警准确的次数；
n——预警次数。

方法3 这种计算方法首先确定一个目标值，然后计算实际值，根据目标值与实际值的比较确定预警的准确性。例如给定目标值为30%，根据计算，某一天总的地质灾害点数中如有大于或等于30%的地质灾害点落入预警区范围内，则表示这一次的预警准确，否则预警失败。根据预警准确的次数与总的预警次数的对比得出预警准确率，计算公式与方法2相似。

B.2 基于时间、空间、强度三指标的预警效果评价

预警效果评价是预警时间效果评价、预警空间效果评价和预警强度效果评价的综合，理论上应该是时间、空间和强度三者均准确时才认为是准确。三者并非简单的相加或者相乘的关系，鉴于目前的工作程度和研究程度，建立预警效果准确率评价模式如下式：

$$p = \frac{1}{3}(p_{时} + p_{空} + p_{强}) \quad\quad\quad\quad (B.3)$$

式中：
p——预警效果准确率，取值范围为[0,1]；
$p_{时}$——预警时间准确率；
$p_{空}$——预警空间准确率；

$p_{强}$——预警强度准确率。

B.2.1 时间效果评价模型

$$p_{时} = \begin{cases} \sum_{i=1}^{n}\left(n_i \times \dfrac{T}{t_i - t_0}\right) \Big/ \sum_{j=1}^{j=i} N_j & t \in [t_0, t_1] \\ 0 & t \notin [t_0, t_1] \end{cases} \quad \cdots\cdots\cdots\cdots (B.4)$$

式中：

$p_{时}$——时间预警准确率，取值范围为[0,1]；

n_i——某预警时段预警区内灾害点数；

$[t_0, t_i]$——预警时段；

N_j——某预警时段内总灾害点数；

n——预警时段数；

t——灾害发生时间；

T——预警时间尺度，其值与预警时间精度相关，可取分钟、小时、天等。如果预警时间尺度为 1 d，则 T 为 1 d；如果预警时间尺度为 3 h，则 T 为 3 h。

B.2.2 空间效果评价模型

$$p_{空} = \begin{cases} \dfrac{S_0}{S} \times \dfrac{n}{N} & n \times N > 0 \ \& \ S_0 \leqslant S \\ 0 & n \times N = 0 \\ \dfrac{n}{N} & n \times N > 0 \ \& \ S_0 > S \end{cases} \quad \cdots\cdots\cdots\cdots (B.5)$$

式中：

$p_{空}$——空间预警准确率，取值范围为[0,1]；

S_0——预警空间尺度，单位 km²；

n——某预警时段预警区内灾害点数；

N——某预警时段总灾害点数；

S——预警区面积，单位 km²。

预警空间尺度 S_0 的取值与预警区研究程度相关，研究程度越高，取值越小，研究程度越低，取值则越大。

B.2.3 强度效果评价模型

$$p_{强} = \begin{cases} 0 & s \times S = 0 \\ \dfrac{s}{S} \div S_3 & \dfrac{s}{S} \leqslant S_3 \\ \dfrac{s}{S} \div S_4 & S_3 < \dfrac{s}{S} \leqslant S_4 \\ \dfrac{s}{S} \div S_5 & S_4 < \dfrac{s}{S} \leqslant S_5 \\ 1 & \dfrac{s}{S} > S_5 \end{cases} \quad \cdots\cdots\cdots\cdots (B.6)$$

式中：
$p_{强}$——预警强度准确率，取值范围为$[0,1]$；
s——预警区内灾害面积，单位 km^2；
S——预警区面积，单位 km^2；
S_3、S_4、S_5——黄色、橙色、红色预警强度评价标准，其取值受预警区研究程度、预警尺度、灾害类型等多个因素影响。如地质灾害气象风险预警的研究精度为1：500万，S_3可取$1\ km^2/(50\ km \times 50\ km)$，$S_4$可取$10\ km^2/(50\ km \times 50\ km)$，$S_5$可取$100\ km^2/(50\ km \times 50\ km)$。

B.3 基于命中率、漏报率、空报率三指标的预警效果评价

评价某次地质灾害气象风险预警效果，可用命中率、空报率和漏报率3个指标定量表达，当有不同预警级别时，应分级进行评判。

命中率($P_{命中}$)，表达的是预警区范围内准确预警的灾害点所占比例。定义为地质灾害预警区内灾害点数(N_A)与研究区范围内灾害点总数($N_A + N_B$)的比值，可表达为：

$$P_{命中} = \frac{N_A}{N_A + N_B} \quad \cdots\cdots\cdots\cdots\cdots (B.7)$$

式中：
$P_{命中}$——命中率，取值范围$[0,1]$；
N_A——预警区内地质灾害点数；
N_B——预警区外地质灾害点数。

漏报率($P_{漏报}$)，表达的是预警区范围外未能准确预警的灾害点所占比例。定义为地质灾害预警区外灾害点数(N_B)与研究区范围内灾害点总数($N_A + N_B$)的比值，可表达为：

$$P_{漏报} = \frac{N_B}{N_A + N_B} \quad \cdots\cdots\cdots\cdots\cdots (B.8)$$

式中：
$P_{漏报}$——漏报率，取值范围$[0,1]$；
N_A——预警区内地质灾害点数；
N_B——预警区外地质灾害点数。

空报率($P_{空报}$)，表达的是某级别预警区内没有灾害发生的预警单元面积($S-S_A$)与预警区总面积(S)的比值。可表达为：

$$P_{空报} = \frac{S - S_A}{S} \quad \cdots\cdots\cdots\cdots\cdots (B.9)$$

式中：
$P_{空报}$——空报率，取值范围$[0,1]$；
S——预警区总面积，单位 km^2；
S_A——预警区内有地质灾害发生的单元面积，单位 km^2。

如目前国家级地质灾害气象风险预警的空间比例尺为$10\ km \times 10\ km$的网格预警单元，空报率也可表达为$10\ km \times 10\ km$网格单元个数的比值，即预警区内无灾害发生的网格单元个数除以预警区内网格单元个数总数。

附 录 C
（规范性附录）
地质灾害灾情信息反馈表

C.1 地质灾害信息反馈表示例

填报单位：　　　　　　　　　　　　　　　　　　　　　　　　填报日期：　　年　　月　　日

序号	发生时间	地点	经度	纬度	灾害类型	灾害级别	灾害规模（m³）	伤亡情况（人）			直接经济损失（万元）	引发因素	降水情况		受灾对象	灾情	措施建议	是否成功预警
								死亡	失踪	受伤			过程雨量	日降水量				

填表说明：

1. 发生时间精确到"分"，采用统一格式：2001-3-15 13:40。
2. 发生地点用全称，地名后的行政单位不要省略，如"四川省泸州市"不要填为"四川泸州"。
3. 经度：填写DMS(度分秒)，如110°15′45″填写为1101545；纬度：填写DMS(度分秒)，如31°20′15″填写为312015。
4. 灾害类型：指滑坡、崩塌、泥石流等灾害类型。群发型灾害单独作为一种灾害类型，但要标明组成群发的灾种类型，如"群发型崩滑流"、"群发型泥石流"等。
5. 过程雨量：引发本次灾害的最近一次降水的累计雨量。
6. 日降水量：引发本次灾害的24 h降水量。如果没有确切雨量，可用定性描述，如特大暴雨、大暴雨、暴雨、大雨、中雨、小雨。
7. 受灾对象：指房屋、农村、铁路、公路、电站、工厂等破坏情况。
8. 灾情：指城市、公路、铁路、农村、电站、矿山、水库等。
9. 是否成功预警：指成功预警并成功防范的地质灾害。填"是"或"否"。

C.2 地质灾害成功预警实例报告表示例

填报单位：　　　　　　　　　　　　　　填报日期：　　年　　月　　日

序号	地点	灾害类型	灾害规模	发出预警时间	灾害发生时间	避免人员伤亡(人)	避免经济损失(万元)	预警方法	预警人(单位)

附 录 D
（资料性附录）
地质灾害气象风险预警业务流程

D.1 气象部门负责给自然资源部门提供的信息及传送方式

D.1.1 数据传输方式

FTP方式:ftp://＊＊＊＊＊＊＊
登录用户名:＊＊＊
登录密码:＊＊＊＊＊＊
E-Mail方式(备用):＊＊＊＊＊＊
传真方式(备用):＊＊＊-＊＊＊＊＊＊

D.1.2 传送内容

a) 每日下午16:00前将下列数据以FTP方式传送到自然资源部门地质灾害气象风险预警业务单位"c气象局\a预报\mmdd"目录中(yymmdd或mmdd为当天日期,yy为年份,mm为月份,dd为日期,下同)。

　1) 当天预报的未来24 h地质灾害气象等级客观预报数据文件。文件名为"yymmdd20.024",时界为20:00,内容包括雨量站点编号、经度、纬度和预报等级。

　2) 当天08:00的24h雨量实况数据文件。文件名为"yymmdd08.000",时界为08:00。该文件所存雨量值为前一天08:00至当天08:00的24 h累计雨量,内容包括雨量站点编号、经度、纬度、海拔和降水量。

　3) 当天预报的未来24 h雨量数据文件。数据文件名为"rrmmdd20.024",时界为20:00。该文件所存信息为当天预报的未来24 h雨量,内容包括经度、纬度和预报雨量。

　4) 当天预报的未来24 h地质灾害气象等级和雨量预报图形文件。图形文件名为"24 h地质灾害气象等级和雨量预报.doc"。该文件所存信息为当天预报的未来24 h地质灾害气象等级客观预报和雨量预报图形。

　5) 当天14:00的6 h雨量实况数据文件。文件名为"yymmdd14.000"。该文件所存雨量值为当天08:00至当天14:00的6 h累计雨量,内容包括雨量站点编号、经度、纬度、海拔和降水量。

b) 每日下午18:00前将当日晚上19:30在气象台正式发布的地质灾害预警文件通过FTP方式传送到自然资源部门地质灾害气象预警业务单位"c气象局\a预警\yymmdd"目录中。数据文件名为"hvyymmdd.doc",该数据文件是当日晚上19:30在气象台正式发布的地质灾害预警文件。

D.2 自然资源部门负责给气象部门提供的信息及传送方式

D.2.1 数据传输方式

FTP方式:ftp://******

登录用户名:***

登录密码:******

E-Mail方式(备用):******

传真方式(备用):******

D.2.2 传送内容

a) 每日下午18:00前将下列数据通过FTP方式传送到气象部门"a环境院\a预警\mmdd"目录中。
   1) 当天的地质灾害预警结果数据文件,文件名为"gtyymmdd.txt",内容包括预警等级、经度和纬度。
   2) 当天的地质灾害预警结果图片文件,文件名为"gtyymmdd.doc",内容包括预警区域图形和文字描述信息。

b) 不定期将调查的最新地质灾害反馈信息文件通过FTP方式传送到气象部门"a环境院\f反馈\yymm"目录中。
   1) "地质灾害信息反馈表"文件名为"dzzhmm.xls"(mm为月份),直接存放到"a环境院\f反馈"目录中。该文件内容见附表"地质灾害灾情信息反馈表",每周更新一次,最新灾情信息随到随传。
   2) 最新灾情信息的文字报告(word文档),存放到"a环境院\f反馈\yyyymm"目录中。

D.3 自然资源部门与气象部门会商机制

当双方确定的预警区域和等级不同时,应开展会商,特别是发布红色预警时,须经双方会商后确定预警区范围。

D.3.1 会商时间

日常业务为每日16:00~17:30会商,有特殊需要时,可随时电话会商。

D.3.2 会商联系电话

自然资源部门地质灾害预警室:略。

气象部门天气预报室:略。

D.4 业务紧急联系人及电话

a) 自然资源部门地质灾害预警室:略。
b) 气象部门天气预报室:略。

附 录 E
（资料性附录）
地质灾害气象风险预警防灾产品样式

全国地质灾害气象风险预警产品签批单

年　月　日

收到气象资料时间	时　分	发送地质灾害预警产品时间	时　分
预警时段		月　日　时至　月　日　时	

预警结果：

　　　年　月　日　时至　日　时，　　　地区发生地质灾害的可能性较大（黄色预警）；　　　地区发生地质灾害的可能性大（橙色预警）；　　　地区发生地质灾害的可能性很大（红色预警）。

值班员		校核员	
预警室主任		带班领导	
会商记录			
报告领导记录			

附 录 F
（资料性附录）
地质灾害气象风险预警防灾对策建议

表 F.1 国家级地质灾害气象风险预警防灾对策建议表

级别	防灾对策建议
黄色预警	注意级：持续关注，记录变化。 1. 专人持续关注实际降水和实际发灾情况，每日不低于 2 次； 2. 预警区内地质灾害易发区和重要地质灾害隐患点巡查，每日不低于 2 次； 3. 关注网络发布的地质灾害预警信息； 4. 各有关单位值班人员关注，做好响应准备。
橙色预警	预警级：加密监测，准备防范。 1. 专人密切关注实际降水和实际发灾情况，每日不低于 4 次； 2. 预警区内地质灾害易发区和重要地质灾害隐患点巡查，每日不低于 4 次； 3. 关注电视台和网络发布的地质灾害预警信息； 4. 通过电话、广播、电视等渠道提醒预警区内群测群防员注意防范地质灾害发生； 5. 各有关单位值班人员做好响应准备，发现情况第一时间上报相应主管部门，并适时采取相应措施，如地膜覆盖裂缝等。
红色预警	警报级：应急响应，及时处置。 1. 专人高度关注实际降水和实际发灾情况，每小时不低于 1 次； 2. 预警区内地质灾害易发区和重要地质灾害隐患点巡查，每小时不低于 1 次； 3. 关注电视台和网络发布的地质灾害预警信息，特别是加密的预警信息； 4. 通过电话、高音喇叭、逐户通知等多种形式告知到危险区的每一位人员，做好紧急避险准备； 5. 各有关单位值班和应急指挥人员做好响应准备。必要时，启动应急预案，紧急疏散灾害易发地点附近的人员，开展应急抢险。

附 录 G
（资料性附录）
地质灾害气象风险预警模型

G.1 隐式统计预警法

隐式统计预警法把地质环境因素的作用隐含在降水参数中，某地区的预警判据中仅仅考虑降水参数建立模型。隐式统计预警法可称为第一代预警方法，比较适用于地质环境模式比较单一的小区域。

隐式统计预警法考虑的降水参数包括年降水量、季度降水量、月降水量、多日降水量、日降水量、小时降水量和10分钟降水量等。实际应用时，一般只涉及到1～3个参数作为预警判据，如临界降水量、降水强度、有效降水量或等效降水量等。

2003年3～5月，研究团队利用地质灾害发生前15日降水量建立了滑坡、泥石流发生区域的临界过程降水量预警判据模式图（图G.1），并结合具体区域（全国划分为28个区，2004年起细化为74个区）进行校正的方法。该方法界定了 α 线和 β 线作为地质灾害预警等级划分界限。横坐标为过程降水量的统计天数，纵坐标为对应的过程降水量，图中散点为对应过程降水量统计天数和过程降水量数值发生的地质灾害事件。由于这种方法只涉及一个或一类参数，无论预警区域的研究程度深浅均可使用，易于推广应用，但预警精度受到所预警地区面积大小、地质灾害样本数量、地质环境复杂程度和地质环境稳定性及区域社会活动状况的限制。因此，单一临界降水量指标作为预警判据的代表性是有局限的。

G.1.1 标准临界降水判据模板

在各预警区范围内，根据滑坡、泥石流与降水关系的研究，采用统计分析方法，绘制滑坡、泥石流与降水之间的关系图，散点常常集中成带分布，其上界表示为 β 线，下界表示为 α 线，据此建立了地质灾害气象风险预警判据模板。

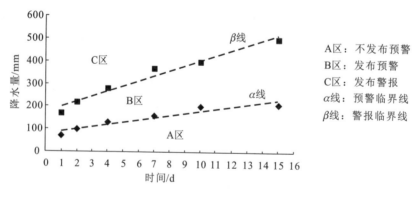

图 G.1 标准临界降水判据模板

横坐标为降水日数，纵坐标为相应的降水量。α 线和 β 线为地质灾害发生的临界降水量线（实际应用时可能为曲线），α 线以下的区域（A区）为不预警区（可能性小或较小），α～β 线之间的区域（B区）为地质灾害预警区（可能性较大或大），β 线以上的区域（C区）为地质灾害警报区（可能性很大）。

G.1.2 双参数临界降水判据模板

模型通式如下：

$$z = f(R_d, R_p) \quad\quad\quad\quad\quad (G.1)$$

式中：

z——灾害点个数，表示灾害群发情况；

R_d——当日的日降水量(mm)，指地质灾害发生当日的日降水量。

R_p——前期有效降水量(mm)，是指在地质灾害发生前的降水过程，对灾害有影响的降水量。

前期有效雨量计算可采取两种方法计算：

方法一：

$$R_p = R_1 + \frac{1}{2}R_2 + \cdots + \frac{1}{n}R_n \quad\quad\quad\quad\quad (G.2)$$

方法二：

$$R_p = kR_1 + k^2R_2 + \cdots + k^nR_n \quad\quad\quad\quad\quad (G.3)$$

式中：

R_p——前期有效降水量(mm)；

R_n——前第 n 日的日降水量(mm)；

n——有效降水日数(d)。据实践经验，一般取 $n=6$，即主要受到 1 周内降水量的影响。

k——有效降水系数，一般取 0.84。k 的取值最先在北美某区的监测分析中获得，后在其他区域的对比校验效果较好(Thomas G et al,2000)。

按照灾害点的群发程度进行预警等级的划分，一般黄色预警为灾害点单点发生；橙色预警为灾害点少量群发，一般为 2~5 个灾害点；红色预警为灾害点大量群发，一般超过 6 个灾害点。根据其临界降水量线，选择其临界下线进行拟合，据此建立不同等级（红色、橙色、黄色）预警判据，分别为 α 线、β 线、γ 线(图 G.2)。临界降水判据线可为指数函数、对数函数、线性函数或者多项式函数。

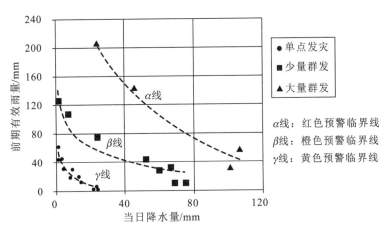

图 G.2 双参数临界降水判据模板

G.2 显式统计预警模型

显式统计预警法是一种考虑地质环境变化与降水参数等多因素迭加建立预警判据模型的方法，它是由地质灾害危险性区划与空间预测转化过来的。这种方法可以充分反映预警地区地质环境要素的变化，并随着调查研究精度的提高相应地提高地质灾害的空间预警精度。显式统计预警法可称为第二代预警方法,是正在探索中的方法,比较适用于地质环境模式比较复杂的大区域。

基于地质环境空间分析的地质灾害时空预警理论与方法是根据单元分析结果合成实现的,克服了仅仅依据单一临界降水量指标的限制,但对临界引发因素的表达、预警指标的选定与量化分级等尚需要进一步研究。

因此,要实现完全科学意义上的地质灾害区域预警,必须建立临界过程降水量判据与地质环境空间分析耦合模型的理论方法——广义显式统计模式地质灾害预警方法,预警等级指数(W)是内外动力的联立方程组。

$$W = f(a, b, c, d) \quad\quad\quad\quad\quad\quad (G.4)$$

式中:

W——预警等级指数;

a——地外天体引力作用,包括太阳、月亮的引潮力,太阳黑子、表面耀斑和太阳风等对地球表面的作用,$a = f(a_1, a_2, \cdots, a_n)$;

b——地球内动力作用,主要表现为断裂活动、地震和火山爆发等,$b = f(b_1, b_2, \cdots, b_n)$;

c——地球表层外动力作用,包括降水、渗流、冲刷、侵蚀、风化、植物根劈、风暴、温度、干燥和冻融作用等,$c = f(c_1, c_2, \cdots, c_n)$;

d——人类社会工程经济活动作用,包括资源、能源开发和工程建设等引起地质环境的变化,$d = f(d_1, d_2, \cdots, d_n)$。

G.2.1 模型通式

$$T = f(G, R_d, R_p) \quad\quad\quad\quad\quad\quad (G.5)$$

式中:

T——预警指数,据此确定地质灾害气象风险预警等级;

G——地质灾害潜势度,地质环境条件的量化指标;

R_d——日降水量,地质灾害发生当日降水量,预警分析时为预报降水量;

R_p——前期有效降水量,在地质灾害发生前的降水过程中,对灾害有影响的降水量。

G.2.2 地质灾害潜势度计算

$$G = \sum_{j=1}^{n} a_j b_j \quad\quad j = 1, 2, 3 \cdots n \quad\quad\quad\quad\quad\quad (G.6)$$

式中:

G——地质灾害潜势度;

a_j——单因子的定量化取值;

b_j——单因子的权重;

n——评价因子个数。

G.2.3 建立预警判据

根据预警指数 T 值进行分段,确定预警等级。黄色预警($T_0 \leqslant T < T_1$);橙色预警($T_1 \leqslant T < T_2$);红色预警($T \geqslant T_2$)。

G.3 动力预警模型

动力预警法是一种考虑地质体在降水过程中地气耦合作用下研究对象自身动力变化过程而建

立预警判据方程的方法,实质上是一种解析方法。动力预警法的预警结果是确定性的,可称为第三代预警方法,目前只适用于单体试验区或特别重要的局部区域。该方法主要依据降水前、降水过程中和降水后降水入渗在斜坡体内的转化机制,具体描述整个过程斜坡体内地下水动力作用变化与斜坡体状态及其稳定性的对应关系。通过钻孔监测地下水位动态、渗透压力、孔隙水压力和斜坡应力-位移等,揭示降水前、降水过程中和降水后斜坡体内地下水的实时动态响应变化规律、整个斜坡体物理性状变化及其与变形破坏过程的关系。在充分考虑含水量、基质吸力、孔隙水压力、渗透水压力、饱水带形成和滑坡-泥石流转化因素条件下,选用数学物理方程研究解析斜坡体内地下水动力场变化规律与斜坡稳定性的关系,确定多参数的预警阈值,从而实现地质灾害的实时动力预警。

分析对比隐式统计预警法、显式统计预警法和动力预警法三类方法,研究团队认为,未来的方向是探索地质灾害隐式统计、显式统计与动力预警三种模型的联合应用方法,以适应不同层级的地质灾害预警服务需求。

G.4 部分典型地质灾害气象风险预警模型

G.4.1 基于综合预警指数的地质灾害气象风险预警模型

G.4.1.1 前期有效降水量原理

用于泥石流灾害分析的雨量数据一般是当天及前几天每天的雨量记录,有些地区也选用小时甚至分钟雨量进行分析,但是考虑到泥石流发生特点及多数地区实际监测情况,当日及前几日的雨量则成为最重要、最通用的分析数据。但是由于地表径流的产生、水分的蒸发等过程,使得进入岩土体的雨量小于实际记录雨量,即记录到的雨量特别是前期降水不能全部对泥石流的发生产生影响。故采用前期有效降水量的概念。

所谓前期有效降水量,是指前期降水进入岩(土)体并一直滞留至研究当日的雨量。国外学者对此已做过相应的研究,并提出了计算进入岩(土)体雨量的经验公式:

$$r_{a_0} = kr_1 + k^2 r_2 + \cdots + k^n r_n \quad \cdots\cdots\cdots\cdots\cdots\cdots \text{(G.7)}$$

式中:

r_{a_0}——前期有效降水量;

k——有效降水系数;

r_n——前第 n 日的日降水量。

k 一般取 0.84,虽然这一方法及 k 值是根据北美某地区的数据计算得到的,但是在世界其他许多地方的检验效果都比较理想。

G.4.1.2 预警模型建立

由于预报降水量对在预警区域内可能发生的地质灾害起到触发作用,结合前期降水资料,建立地质灾害预警模型如下:

$$P = \nu \cdot R \quad \cdots\cdots\cdots\cdots\cdots\cdots \text{(G.8)}$$

式中:

P——预警综合指数;

ν——易发指数,高易发区 $\nu=1.5$,中易发区 $\nu=1.25$,低易发区 $\nu=1.0$;

R——有效降水量。

预警综合指数处于不同范围时,发布对应的预警结果。P 值分级处理标准见表 G.1。

表 G.1 预警结果分级处理标准

预警综合指数	$P \geqslant 150$	$P \in [110,150)$	$P \in [75,110)$	$P < 75$
预警等级	红色	橙色	黄色	蓝色

G.4.2 降水量等级指数法预警模型

G.4.2.1 地质灾害区域自动化预警模型

以地质环境敏感性、降水引发因素分析为主，专家经验为辅的"系统分析法"，对未来 24 h 内区域性地质灾害发生的可能性实现自动化预警。

a) 敏感性分区。根据地质灾害发育特点、致灾的内外因，结合现有地质灾害调查基础资料，分析各个因子与地质灾害发生的相关性，最终选择地形坡度、地貌类型、工程地质岩性、表土层厚度、地质构造密度、人类活动强度作为建模基础要素。将上述 6 个因子采用"层次分析法"中的层次结构模型、层次排序和矩阵判断，确定各影响因子的权重系数，最后进行叠加分区，最终生成用以表征地质背景条件的地质环境敏感性分区图。

b) 降水引发因素。本模型中考虑的降水引发因素主要为以下 4 个：
   1) 预报前 1 d 累积过程雨量；
   2) 预报前 3 d 累积过程雨量；
   3) 预报前 5 d 累积过程雨量；
   4) 预报雨量。

预报前 1 d、3 d 和 5 d 过程雨量由自动雨量站提供数据，预报雨量数据由省气象台提供。气象台提供的雨量数据格式为降水预报等级，主要有 6 个等级：小雨（<10 mm/d）、中雨（10 mm/d～24 mm/d）、大雨（25 mm/d～49 mm/d）、暴雨（50 mm/d～99 mm/d）、大暴雨（100 mm/d～249 mm/d）、特大暴雨（≥250 mm/d）。

将预报前 1 d、3 d 和 5 d 过程雨量和未来 24 h 预报雨量数据根据专家经验赋予权重系数，建立地质灾害区域气象等级预警模式。

$$Y = a_i X_i + b X_2 \quad\quad\quad\quad (G.9)$$

式中：

Y——气象预警等级；

X_i——前 i 日累计过程降水量等级指数，$i=1,3,5$；

X_2——未来 24 h 降水量预警等级指数；

a_i——前 i 日累计过程降水量等级指数权重系数，$i=1,3,5$；

b——未来 24 h 预报雨量权重系数。

由此生成气象综合分区图。

c) 地质灾害预警模型。将地质灾害敏感性分区图与降水引发因素（预报前 1 d、3 d 和 5 d 累计过程降水量和未来 24 h 预报降水量）进行叠加，综合相关分析，建立地质灾害预警模型。

预警模型：

$$A = k_1 Y + k_2 Z \quad\quad\quad\quad (G.10)$$

式中：

A——地质灾害预警等级；

Y——气象预警等级；

Z——地质环境敏感性分区等级；
k_1、k_2——权重系数。

根据此模式在地理信息系统中计算每个网格单元，并评价之后，形成地质灾害区域预警分区图。

G.4.2.2 地质灾害区域自动化预警升级模型

通过地质环境条件、地形地貌、人类工程活动等因素划分预警单元，考虑到雨量站点及预报雨量的精度，共划分若干个预警单元，每个单元分别确定其临界降水量值，在以后雨量站点分布精度提高和预报精度提高的前提下还可以更加细化预警单元，甚至细化到灾害点。再根据历年发灾数据统计分析得出每个预警分区的降水阈值，根据预警指数分段确定24 h地质灾害气象风险预警等级。

根据研究积累和历史经验，滑坡、泥石流的发生不但与当日激发降水量有关，且与前期过程降水量关系密切，选定1 d、3 d、5 d过程降水量作为影响因子再加上预报雨量因子，进行计算，并划分预警等级，公式如下：

$$G = \sum_{i=1}^{n} q_i \cdot Q_i \quad \cdots\cdots\cdots\cdots\cdots\cdots\cdots (G.11)$$

式中：
G——气象预警等级指数；
q_i——各因子权重；
Q_i——各因子定量值。

各因子权重根据经验和专家打分来确定。

各因子定量值由预警分区的临界降水量分别确定其值。预警等级指数采用开放式的取值设定，表G.2为地质灾害气象预警临界降水量均值模式，每个预警分区在此基础上根据其不同的地质环境背景情况按其发灾雨量运用Logistic回归模型分析，拟合发灾指数上升曲线来确定其临界降水量，出现灾情最低雨量即为黄色预警下限值，逐渐增加平衡段为橙色预警下限值，放量上升起始段以上为红色预警下限值。

表 G.2 地质灾害气象预警临界降水量均值模式

降水级别	小雨	中雨	大雨	暴雨	大暴雨
$\sum R$ /mm	R/mm				
	(0～10)	[10～25)	[25～50)	[50～100)	≥100
[0～25)	—	—	—	蓝色	黄色
[25～50)	—	—	蓝色	黄色	橙色
[50～100)	—	蓝色	黄色	橙色	红色
[100～200)	蓝色	黄色	橙色	橙色	红色
[200～300)	黄色	黄色	橙色	红色	红色
≥300	黄色	橙色	红色	红色	红色
备注：R为预测未来24 h雨量，$\sum R$为前5 d累计过程降水量，—为无预警等级。					

G.4.2.3 简易临灾预警模型

在比较集中的居民点建立一些简易雨量监测装置，根据当地具体地质背景条件设立临界报警雨量,超过报警雨量以发送短信或警报等方式对附近居民进行报警,可以快速反应,报警及时,做到临灾预警,可以弥补气象风险预警对局地短时强降水预报不准的不足,对于近年来的突发短时局地强降水有很好的预防作用。同时加密雨量站点对气象风险预警也能起到提高预警精度的作用。

G.4.2.4 总结

地质灾害区域自动化预警模型侧重地质背景的影响,地质灾害区域自动化预警升级模型侧重数理统计模型,简易临灾预警模型是侧重临灾快速反应,三种模型同时使用可以相互弥补不足。

G.4.3 致灾营力当量预警模型方法

G.4.3.1 地质灾害致灾营力分析预警方法

从分析单体地质灾害的产生、发展、发生入手,提出了地质灾害致灾营力分析预警方法。通过研究认为:地质灾害的发生是各种致灾营力作用积累的结果,致灾营力分为自身致灾营力和降水致灾营力。自身致灾营力包括坡度、岩性、构造三种致灾营力,降水致灾营力分为当日降水致灾营力与前期降水致灾营力。

通过分析:高坡度地区发育成熟的灾害体,自身致灾营力较大,发育成熟的灾体会立即发生,不必等到降大雨时才发生;正在发育的灾害体致灾营力虽未达到临界值,但在附加外界营力作用下,也能发生灾害;在外界营力下达不到临界值,即使存在外界营力作用,暂时也难于发生。总结致灾规律为:各种致灾营力共同作用于灾害体,致灾营力达到临界值1个重力单位(1W)后,灾害便发生。

G.4.3.2 地质灾害致灾营力预警方法

根据地质灾害致灾营力致灾规律,分析总结出了降水致灾营力预警方法(图 G.3)。

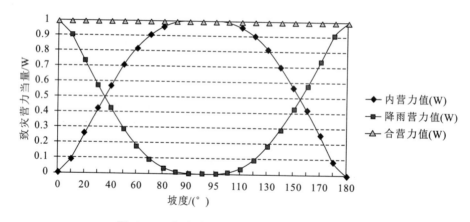

图 G.3 灾害发生时致灾营力需求曲线图

基本理论:降水引发的地质灾害发生时,致灾营力值为自身致灾营力值和降水致灾营力值的和值,其最小值为0,最大临界值为1,它们之间呈正、余弦规律变化,无论哪一种或者它们的和值达到了致灾营力临界值,灾害便会发生。

预警模型:

$$B = T_z + T_j + T_r \quad \quad \quad (G.12)$$

式中:

B——预警致灾营力值;

T_z——自身致灾营力值;

T_j——降水致灾营力值;

T_r——人为调整致灾营力值。

灾害频度是各种致灾营力综合作用的结果,发育频度都与各种致灾营力相关。同时,由于各种自身致灾营力共同作用于灾害体,它们之间也具有相关性。为此,建立概念模型关系式为:

$$T_n = \delta_{(p,y,g)} \cdot M_{(p,y,g)} \quad \cdots\cdots\cdots\cdots\cdots\cdots\cdots\cdots (G.13)$$

式中:

T_n——自身致灾营力值;

$M_{(p,y,g)}$——坡度、岩性、构造致灾营力影响下的地质灾害发育频度;

$\delta_{(p,y,g)}$——坡度、岩性、构造致灾营力值系数。

G.4.4 基于点状最大潜势度预警模型

G.4.4.1 基本思想

基本理论思想是:以近似于"点状"的行政村为预警单元,实地调查每一个行政村,并全面收集有关地形、地貌、基础地质、历年地质灾害区划调查等资料,对每个预警单元(行政村)分析其发生滑坡地质灾害潜在能力的大小(潜势度)与灾害发生的降水阈值,从而建立预警系统,并应用于政府的防灾减灾工作中。本节模型在我国东南部地区使用。

G.4.4.2 预警方法

a) 实地调查及资料分析。根据历史滑坡灾害发育的特征,实地调查典型滑坡地质灾害的现场情况,从灾害发生的规模、时间、原因以及引发灾害的各类环境因子出发,调查该灾害点周边地质环境条件,核对所收集的各类资料,分析各种因素对滑坡灾害发生的影响程度,为划分预警单元奠定基础(表 G.3)。

表 G.3 滑坡预警数据采集表

数据类型	分类数据
滑坡属性数据	编号与地理信息等 8 项信息;调查、治理等相关记录 13 项信息
滑坡数据	居住区环境:人为活动 3 个因子,地形、地貌 4 个因子 坡面环境:地形、地貌 4 个因子 地质环境(狭义):地质 5 个因子
降水与降水类型数据	日、小时为单位的历史降水量、降水类型等 12 项
其他数据	县市、乡镇、村区划界线,预警响应者等

b) 建立预警单元地质模型。引发滑坡灾害的因素较多,分为影响内因和引发外因。影响内因包括地形、地貌、岩性和构造等。引发外因是降水条件和人为工程建设,其中降水条件不列入地质环境因子中,作为单独的变量来进行预警工作。滑坡地质环境因子原始数据体系共 8 个地质环境因子(表 G.4)。

表 G.4 滑坡地质环境因子体系

环境分类	因子	物理意义
建筑区环境	建筑区地貌 相对高差 建筑区最大坡度	表明人为活动对坡面的破坏程度
滑坡坡面环境	相对高差 滑坡体所在坡面坡度 斜坡剖面形态	滑动动能
		排水能力
地质环境（狭义）	基岩岩性 断层	表征物源

  c) 建立预警统计模型。8 个环境因子通过敏感性系数标准化计算后，根据数据类型和特征，选择主成分分析（Principal Component Analysis，PCA）统计模型。通过主成分分析，共提取了 7 个主成分，前 6 个主成分的方差总体贡献率已达到 91.663 %，它们的方差贡献率分别为：29.798 %、16.343 %、12.753 %、12.316 %、11.473 % 及 8.98 %。第一主成分主要反映滑坡体所处建筑区环境，第二主成分主要反映滑坡体环境，第三、四主成分主要反映地质环境。因此，各环境类别对滑坡的相对贡献程度排序为：建筑区环境＞滑坡体环境＞地质环境（狭义）。

为了定量化地表示每个滑坡点的潜势度大小，需计算每个滑坡点综合得分值。根据主成分分析的原理，前 6 个主成分可以用下式来表示：

$F_1 = 0.492SC_1 + 0.595SC_2 + 0.582SC_3 - 0.016SC_4 + 0.187SC_5 + 0.093SC_6 + 0.088SC_7 + 0.119SC_8$

$F_2 = 0.086SC_1 + 0.065SC_2 + 0.049SC_3 + 0.698SC_4 - 0.570SC_5 + 0.247SC_6 + 0.201SC_7 - 0.271SC_8$

$F_3 = 0.088SC_1 - 0.085SC_2 - 0.052SC_3 + 0.120SC_4 + 0.068SC_5 + 0.744SC_6 - 0.277SC_7 + 0.577SC_8$

$F_4 = 0.153SC_1 - 0.099SC_2 - 0.047SC_3 - 0.084SC_4 + 0.344SC_5 + 0.332SC_6 + 0.851SC_7 - 0.084SC_8$

$F_5 = 0.035SC_1 - 0.020SC_2 - 0.046SC_3 + 0.064SC_4 - 0.329SC_5 - 0.423SC_6 + 0.379SC_7 + 0.749SC_8$

$F_6 = -0.347SC_1 + 0.007SC_2 + 0.164SC_3 + 0.658SC_4 + 0.563SC_5 - 0.295SC_6 - 0.091SC_7 + 0.097SC_8$

因此，综合得分函数 F 可以表示为：

$$F = 0.298F_1 + 0.163F_2 + 0.128F_3 + 0.123F_4 + 0.115F_5 + 0.090F_6$$

变换后可得：

$F = 0.103SC_1 + 0.163SC_2 + 0.178SC_3 + 0.181SC_4 + 0.027SC_5 + 0.129SC_6 + 0.164SC_7 + 0.150SC_8$

其中，F 是表示每个滑坡点的潜势度分值；$SC_1 \sim SC_8$ 指的是地貌位置、建筑区高差、建筑区最大坡度、滑坡体所在坡面的高差、滑坡体所在坡面的坡度、滑坡体所在坡面的形态、基岩岩性分类及是否断层影响区内 8 个因子相对敏感系数标准化后的值。

将样本数据代入后，可以得出每个滑坡点的潜势度分值，分值的相对大小反映滑坡灾害影响因子对滑坡发生的总的贡献程度。分值越小，说明发生滑坡的潜在能力越小，反之，分值越大，说明发生滑坡点的潜在能力越大，越有利于滑坡灾害的发生。将各滑坡样本潜势度分值从小到大排序后，按等样本划分为 4 个等级，每个等级里包含已发生（极有可能发生）滑坡的百分含量，级别越高，百分含量越大。由此，建立 4 个等级地质灾害潜势度分级（PP），PP1 表示发生地质灾害的可能性最小，PP4 表示可能性最大。

d) 确定降水阈值(RT)。降水类型可分为三类：锋面雨、台风暴雨和东风波暴雨。

从降水类型分析，97 %滑坡灾害的降水引发因素都来源于台风暴雨和东风波暴雨。根据引发滑坡历史降水特征，建立了6 h累计降水阈值。

锋面雨降水阈值不同于台风暴雨或者东风波暴雨阈值，在锋面雨的作用下所发生的滑坡通常是要考虑前期降水的影响。从降水预报的角度，是以24 h预报作为1 d，其阈值是以天为单位。其阈值下限为215 mm，并建立了4级滑坡有效降水阈值(表G.5)。

表G.5 滑坡有效降水阈值

滑坡6 h模式的降水阈值				滑坡24 h模式的有效降水阈值	
雨量等级	降水量分区1/mm	降水量分区2/mm	降水量分区3/mm	雨量等级	有效降水量/mm
1	≤60	≤95	≤110	1	≤215
2	(60,110]	(95,130]	(110,160]	2	(215,290]
3	(110,155]	(130,155]	(160,180]	3	(290,345]
4	>155	>155	>180	4	>345

e) 建立预警判据矩阵。据预警原理，将潜势度等级(PP)与引发滑坡降水阈值(RT)相组合，从而得到预警判据矩阵。判据矩阵交点的预警等级，表示实质发生滑坡概率的大小。潜势度等级(PP)、24 h滑坡降水阈值(RT)和6 h滑坡降水阀值(RT)均有4个等级，因此共组合形成24 h预警判据等级图和6 h预警判据等级图(图G.4和图G.5)。系统建立的4个等级中，蓝色不发布预警，黄色、橙色和红色发布预警。

	RT1	RT2	RT3	RT4
PP1	蓝色	蓝色	蓝色	黄色
PP2	蓝色	黄色	黄色	黄色
PP3	蓝色	黄色	橙色	橙色
PP4	黄色	黄色	橙色	红色

图G.4 24 h模式的预警判据图

	RT1	RT2	RT3	RT4
PP1	蓝色	蓝色	黄色	黄色
PP2	蓝色	黄色	黄色	橙色
PP3	黄色	黄色	橙色	红色
PP4	黄色	橙色	红色	红色

图G.5 6 h模式的预警判据图